高等学校土木工程专业系列教材——建筑工程类

建筑材料（第4版）
学习指导

崔圣爱　李福海　李固华　**主编**

西南交通大学出版社
·成都·

图书在版编目（ＣＩＰ）数据

建筑材料：含学习指导.2，建筑材料（第4版）学习指导 / 崔圣爱，李福海，李固华主编. —4 版. —成都：西南交通大学出版社，2022.8
高等学校土木工程专业系列教材. 建筑工程类
ISBN 978-7-5643-8833-1

Ⅰ. ①建… Ⅱ. ①崔… ②李… ③李… Ⅲ. ①建筑材料 – 高等学校 – 教材 Ⅳ. ①TU5

中国版本图书馆 CIP 数据核字（2022）第 141103 号

前　言

我国土木工程建设发展很快，近些年的建设工程量占世界在建工程的 57%~59%。最近几年，随着新材料不断涌现，建筑材料的国家标准和规范也做了较大的修订，为此《建筑材料》修订出版第四版，与之配套的《建筑材料（第4版）学习指导》也做了相应的修订：增加了部分与教材内容相对应的学习重点和自测试题，删除了较陈旧的内容；修订较多的是普通混凝土、砂浆、建筑钢材及沥青防水材料等内容；删去了第三部分综合复习题，自测试题部分根据教材的修订变化较大；另外增加了两套模拟试题，十套模拟试题及参考答案以扫描二维码方式呈现。本书基本保留了原有的编写体例。

第一部分建筑材料课程学习重点、自测试题中试题 III 由李固华修编，自测试题中试题 II、试题 V、新增模拟试题九及参考答案由崔圣爱修编，自测试题中试题 I、试题 IV 以及新增模拟试题十及答案由李福海修编，蒲励耘、陈昭老师参与了自测试题与模拟试题的修编。

本学习指导由崔圣爱、李福海和李固华主编。

感谢对本书提出宝贵意见的老师和同学。

编　者

2022 年 4 月

目　录

第一部分

建筑材料课程学习重点

一、建筑材料课程学习方法及要点

建筑材料课程是针对土木工程及相关专业开设的专业技术基础课。它是从工程实践的角度去研究建筑材料的原材料、生产工艺及方法、材料的组成、结构和构造、环境条件等对材料性能的影响及其相互关系的一门应用科学。

建筑材料的种类、品种、规格繁多，为突出重点，建筑材料课程选取了工程中最主要的一些结构材料和辅助材料作为学习和研究的对象。通过对常用的、有代表性的建筑材料的学习，为今后工作中了解和运用其他建筑材料打下基础。

建筑材料课程的学习要抓住一个中心，即材料的性能，但如果孤立地去识记这些性能实际上是很困难的。只有通过学习材料的组成、结构和构造与其性能的内在联系，以及影响这些性能的外部因素，才有可能在本质上认识它。

建筑材料课程的相关内容分为理论教学和实践教学两部分。

理论教学包括三个层次：

第一个层次是建筑材料的基础知识。所谓基础知识是指按照国家或行业标准定义的建筑材料与工程实践有关的技术术语，如标准试件、强度等级、屈服强度、体积安定性、材料牌号、材料技术指标等。

第二个层次是建筑材料的基本性质。它包括材料的物理性质、力学性质、耐久性质等。这一层次要求学生重点掌握，并能运用已有的理论知识，分析说明材料的组成、结构和构造三者与材料性能的关系。

第三个层次是建筑材料的基本技能，指能够结合工程实际，正确选用材料，而且可根据工程实际情况对材料进行改性，设计计算材料配合比、材料强度、耐久性等。

上述三个层次是建筑材料课程理论考核的重点。

实践教学部分包括一些重要材料的技术性质试验。主要有材料基本性质、水泥技术性质、混凝土骨料及配合比、建筑钢材、墙体材料、沥青及防水材料等试验内容。通过实践教学掌握主要材料的试验原理，熟悉现行国家规范和标准所规定的材料试验方法和条件，掌握主要材料的质量评定方法。

在建筑材料课程学习中，通常可通过对比法找出各种材料的共性和各自的特性。此外，要抓住建筑材料中的典型材料，通过学习举一反三，紧密联系工程实际问题，在理论学习中寻求理性认识，在实践学习中寻求感性认识并加深理性认识，这样有助于提高学习的兴趣和效率。

建筑材料课程各部分的权重比例大致可划分如下：

建筑材料基本性质	8% ~ 10%
胶凝材料	12% ~ 18%
混凝土材料	40% ~ 42%
砂　浆	2% ~ 4%
木　材	1% ~ 2%
建筑钢材	8% ~ 10%
防水材料	8% ~ 10%
砖、石及其他材料	6% ~ 10%

二、"建筑材料基本性质" 重点及思考题

（一）理论部分重点与要求

1. 本章是各种材料基本性质的归纳，重点掌握这些性质的基本定义、物理意义、技术指标和所用单位，在后面章节学习具体材料的这些性质时再前后呼应，以加深印象。

2. 材料的重要性质有物理性质、力学性质、耐久性质以及环保性质等。

3. 熟悉材料的组成、结构和构造的概念，重点掌握几种典型材料的结构与构造，以及它们对材料性质的影响，从而建立材料组成、结构、构造和性质之间有规律性联系的概念。

（二）理论部分复习思考题

1. 建筑材料的定义与分类，结构材料、非结构材料、复合材料的定义。

2. 材料的组成、结构及构造的定义及其与材料性能之间的联系。

3. 材料基本结构（晶体、玻璃体、胶体）的形成以及不同结构材料的性能特点。

4. 材料的孔隙构造（孔隙率、孔径分布、孔连通性、孔几何特征）与材料强度、耐久性、导热性等的关系。

5. 材料的密度、表观密度、视密度、堆积密度、密实度、孔隙率、填充率、空隙率的概念及计算方法。

6. 材料的亲水性、憎水性、吸水性、吸湿性、抗渗性、耐水性和抗冻性的概念及技术指标。

7. 材料的强度微观概念和理论强度。

8. 材料试验强度的概念。试验强度、强度等级、设计强度等之间的关系。常见荷载作用下的试验强度类型。

9. 影响材料强度的因素（内、外部因素）。

10. 比强度的定义及工程意义。

11. 材料的弹性、塑性、脆性和韧性的概念；弹性及韧性的技术指标。

12. 材料的硬度和耐磨性的概念及技术指标。

13. 材料耐久性的定义、影响因素、工程意义、等级指标及改善途径。

14. 材料低碳和环保性的概念。

（三）实践部分重点与要求

1. 以天然石料的常规试验说明材料的一些主要基本性质试验的原理和方法，包括物理性质、力学性质和耐久性质试验。

2. 掌握天然石料的密度、表观密度、吸水率、饱水率、抗压强度、坚固性等的试验原理，熟悉其试验条件与方法，掌握其试验数据的处理及质量评定的。

（四）实践部分复习思考题

1. 排液法的试验原理以及试验液体介质的选择原则。

2. 材料吸水饱和面干状态的概念。

3. 常压法（吸水率）和真空法（饱水率）各自的试验原理，两种方法的试验结果差异的原因，用两种不同结果来综合判断材料的孔隙构造。

4. 石料的干燥试件与饱水试件的强度差异原因及耐水性指标。

5. 石料硫酸钠侵蚀法原理及坚固性指标。

三、"气硬性胶凝材料及水泥"重点及思考题

（一）理论部分重点与要求

1. 掌握建筑用胶凝材料的定义和分类，并着重了解与其他材料相比时胶凝材料的性能特点，掌握气硬性与水硬性胶凝材料在性质方面的差异以及应用上的区别。

2. 深入理解各种气硬性胶凝材料在水化速度、水化放热、硬化速度、硬化后强度及化学性质等方面的特点，从而掌握各种气硬性胶凝材料在性质和应用方面的区别。

3. 了解煅烧条件对石灰、石膏质量的影响，深入了解石灰、石膏两种气硬性胶凝材料的水化、凝结硬化过程及其影响因素，掌握其主要技术性质和工程应用。了解水玻璃的凝结硬化影响因素，掌握水玻璃的特性及其应用。了解镁氧水泥的特性及应用。

4. 水泥是重点材料之一，而硅酸盐水泥又是各种水泥中的重点，在硅酸盐系列水泥中，以硅酸盐水泥为典型，深入系统地掌握它的原料及生产工艺、熟料矿物成分、性质和应用；对于硅酸盐系列其他品种水泥，则采取对比的方法，熟悉各自的熟料矿物成分、特性和应用。

5. 掌握硅酸盐水泥的水化、凝结硬化理论，以结构形成为主线，熟悉"水化""凝结硬化""凝聚结构""凝聚-结晶结构""凝胶体结构"等基本概念，以及它们与水泥硬化前后性质的关系。

6. 掌握硅酸盐水泥主要熟料矿物成分的特性以及影响硅酸盐水泥水化、凝结硬化过程的主要因素。

7. 掌握通用硅酸盐水泥的熟料矿物成分、混合材料种类及作用、技术性质、质量标准和应用范围，通过对比找出一般性规律。

8. 掌握在工程应用中通用水泥典型的腐蚀类型和作用机理以及防止腐蚀的基本措施。

9. 掌握各种专用水泥和特种水泥熟料矿物成分及技术性质的特点，以此推及其性能和应用特点。

10. 掌握铝酸盐水泥的特性及其应用。

（二）理论部分复习思考题

1. 无机胶凝材料的定义、分类以及水硬性和气硬性胶凝材料的硬化条件。
2. 建筑石膏的原料及煅烧条件对石膏质量的影响。
3. 建筑石膏的水化原理以及凝结硬化过程。
4. 建筑石膏的特性及应用。
5. 石灰的原料和煅烧条件对石灰质量的影响（过火石灰和欠火石灰）。
6. 石灰的消解和消石灰粉、消石灰膏的制作方法及其在建筑上的应用。
7. 石灰陈伏的目的以及陈伏过程中应注意的问题以及石灰的硬化过程。
8. 石灰的特性及其应用。
9. 水玻璃的特性及其应用。
10. 硅酸盐水泥的定义、原料、煅烧及熟料矿物的组成。
11. 硅酸盐水泥的四种主要熟料矿物的相对含量范围、水化特性、强度、收缩性和耐蚀性。
12. 硅酸盐水泥的水化过程（主要熟料矿物、石膏的化学反应及主要水化产物）、凝结硬化过程以及主要影响因素。
13. 硅酸盐水泥的主要技术性质及技术标准。
14. 水泥石的主要腐蚀类型和腐蚀过程机理、腐蚀基本原因以及防腐蚀措施（软水腐蚀、盐类腐蚀、酸类腐蚀、盐类循环结晶腐蚀）。
15. 硅酸盐水泥的性能及应用。
16. 混合材料的种类、组成及活性。
17. 掺混合材硅酸盐水泥的定义、组成、水化特性、性能和应用。
18. 道路水泥、白色水泥、中低热水泥、抗硫酸盐水泥的组成特点。
19. 铝酸盐水泥的组成、水化特性、特性及应用。
20. 硫铝酸盐水泥的组成、特性及应用。

（三）实践部分重点与要求

1. 通用硅酸盐水泥技术性质试验。熟悉相关水泥检验标准，掌握水泥质量评定方法。
2. 掌握通用硅酸盐水泥细度、标准稠度、凝结时间、安定性、胶砂强度等技术性质的试验原理、试验条件及方法、数据处理方法。

（四）实践部分复习思考题

1. 通用硅酸盐水泥实验室温、湿度及标准养护温度、湿度、龄期规定。
2. 通用硅酸盐水泥细度负压筛法：试样质量、筛孔尺寸、负压范围、试验筛修正和筛余率合格规定。
3. 通用硅酸盐水泥标准稠度试验：试验目的，试样质量，加水方法，标准法和代用法的标准稠度净浆判定方法。
4. 通用硅酸盐水泥凝结时间试验：净浆稠度，测定频率，初凝时间和终凝时间判定方法，凝结时间合格、不合格和废品判定方法。
5. 通用硅酸盐水泥安定性试验：净浆稠度、沸煮时间、雷氏法和试饼法安定性合格判定方法。
6. 通用硅酸盐水泥胶砂强度试验：水泥、标准砂、拌和水质量、试件养护条件及龄期、试件加荷方向及速度、试验数据处理方法和强度等级判定方法。

四、"混凝土与建筑砂浆"重点及思考题

（一）理论部分重点与要求

1. 混凝土是目前乃至未来相当长时期内均无可替代的最重要的结构材料，而普通混凝土则是本章的重中之重。
2. 以普通混凝土为典型，深入系统地掌握其性质、应用、对原材料的要求以及配制方法，通过比对了解其他品种混凝土的特点。
3. 普通混凝土要求以配制品质优良的混凝土为中心，从原材料质量控制、配合比设计和施工质量控制三方面进行分析。配合试验，加深理解，切实掌握配制普通混凝土的基本知识。
4. 普通混凝土的定义、组成材料及其作用。
5. 水泥品种及强度等级的选择，混凝土用水的基本要求。
6. 对砂、石骨料技术性质的学习应与混凝土的技术性质联系起来进行分析。
7. 了解在混凝土中采用外加剂的意义和工程中常用外加剂的作用机理和技术经济效果。
8. 掌握减水剂的作用机理、技术经济效果和常用品种。

9. 掌握引气剂的作用机理、技术经济效果和常用品种。

10. 以粉煤灰为重点，熟悉掺合料对混凝土性能的改善作用及工程应用。

11. 硬化前混凝土拌合物的和易性、硬化后混凝土的强度和耐久性是混凝土三大主要技术性质。应从原材料质量、配合比、施工方法与质量控制、试验条件与检测、结构混凝土性能等方面分析混凝土技术性质变化的一般性规律，理解混凝土向高耐久性、高强度发展的必然性和可能性及其途径。

12. 掌握混凝土和易性的定义、技术指标、主要影响因素、坍落度选择原则和方法。

13. 掌握混凝土受压破坏机理、混凝土强度等级概念、强度主要影响因素和水胶比公式。

14. 熟悉混凝土的其他强度以及变形性质，变形与混凝土抗裂性关系。

15. 掌握混凝土耐久性定义及主要影响因素。

16. 掌握结构混凝土按耐久性进行设计的耐久性控制方法（混凝土最低强度等级、最大水胶比、最小和最大胶凝材料用量、钢筋保护层厚度等）。

17. 掌握钢筋混凝土结构按耐久性进行设计的步骤及要点。

18. 掌握混凝土强度统计的主要参数和配制强度公式，了解混凝土强度的验收评定方法。

19. 混凝土配合比设计和施工质量控制是施工现场常遇到的问题，要求通过实际算例和具体试验，掌握配合比设计的基本原理、计算步骤和调整方法。

20. 掌握混凝土初步配合比、基准配合比、实验室配合比和施工配合比的设计顺序。

21. 掌握混凝土配合比的三大参数（单位用水量、水胶比、砂率）的初步确定及实验室调整的原理及方法。

22. 在与普通混凝土比对的基础上，理解其他混凝土的原材料、配合比、性能、施工及应用特点。通过了解砂浆与混凝土在组成、性能和应用上的不同，理解砂浆的特性及技术要求。

23. 了解现代混凝土发展的趋势，掌握轻骨料混凝土、高性能混凝土、高强混凝土以及了解其他特性混凝土的组成和应用前景。

（二）理论部分复习思考题

1. 普通混凝土基本组成材料及其在混凝土结构中（硬化前后）的作用。

2. 细骨料的技术性质与技术要求（主要掌握级配、细度模数、视密度、堆积密度、机制砂亚加蓝指标及石粉、有害物质、含水率等）。

3. 粗骨料的技术性质与技术要求（主要掌握级配、最大粒径、压碎指标、针片状、不规则颗粒与特征等）。

4. 混凝土减水剂的减水机理、技术经济效果以及常用减水剂类型和品种（FDN、木钙、聚羧酸高性能减水剂等）。

5. 混凝土引气剂、早强剂、速凝剂的作用机理及应用。

6. 混凝土掺合料的种类及其对混凝土性能的改善作用。

7. 混凝土和易性的意义及技术指标。

8. 混凝土和易性的主要影响因素（主要掌握恒定用水量法则、骨料性质、水泥浆量、外加剂、水胶比、含砂率等）及工程结构的要求与选择。

9. 混凝土单轴受压的破坏过程及破坏特点。

10. 影响混凝土强度的主要因素。

11. 混凝土立方体抗压强度、棱柱体抗压强度、劈裂抗拉强度、弹性模量的意义、计算方法及工程应用。

12. 混凝土徐变的概念及主要影响因素。

13. 混凝土体积变形的原因及其对工程结构的影响。

14. 混凝土的抗渗性、耐冻性和耐蚀性的定义、技术指标以及工程控制混凝土耐久性的主要措施（着重掌握最大水胶比和最小及最大胶凝材料用量）。

15. 混凝土氯离子侵蚀、盐类结晶循环、碱-骨料反应的概念及对混凝土耐久性的影响。

16. 耐久性混凝土的原材料选择及配合比特点。

17. 混凝土强度等级、强度标准值、强度保证率和配制强度的意义。

18. 混凝土初步配合比的计算方法（关键掌握单位用水量、水胶比和砂率三个基本参数的确定方法）。

19. 混凝土初步配合比的和易性调整、基准配合比的强度调整以及实验室配合比的工地调整方法。

20. 混凝土质量波动的原因及质量控制标准。

21. 混凝土质量（强度）评定的数理统计方法（掌握平均值、标准差和变异系数的计算方法）及合格判定条件。

22. 轻骨料混凝土的定义及分类。

23. 轻骨料的性能特点与技术要求。

24. 轻骨料混凝土的性能特点、配合比设计原则及施工注意事项。

25. 加气混凝土、泡沫混凝土、大孔混凝土（透水混凝土）的配制原理、性能特点及工程应用。

26. 理解高性能混凝土工程含义，高性能混凝土的获得途径及工程评价体系。

27. 高强及泵送混凝土的原材料要求及配合比特点。

28. 防水混凝土的获得途径及四种常用防水混凝土的配制原理。

29. 纤维和聚合物对混凝土性能的改善作用。

30. 大体积混凝土、喷射混凝土、水下混凝土的原材料选择、配合比特点及应用。

31. 建筑砂浆和易性的意义及技术指标。

32. 砌筑砂浆的技术性质以及配合比设计方法。

33. 防水砂浆的配制方法及应用。

（三）实践部分重点与要求

1. 普通混凝土试验：砂、石技术性质试验、混凝土和易性试验，混凝土力学性能试验，要求掌握各试验的原理，国家标准所规定的试验条件与方法，掌握试验数据处理方法，并能依据试验结果评定其质量。

2. 砂技术性质试验：筛分试验（绘制筛分曲线，计算细度模数，级配合格判定）、视密度及堆积密度试验（计算空隙率）。

3. 石技术性质试验：筛分试验（绘制筛分曲线，确定最大粒径，级配合格判定）、视密度及堆积密度试验（计算空隙率）。

4. 混凝土和易性试验：坍落度（扩展度）试验（定量测定流动性，定性观测黏聚性和保水性）、和易性调整、表观密度试验和计算基准配合比。

5. 混凝土力学性能试验：试件制作与养护、立方体抗压强度试验、劈裂抗拉强度试验和弹性模量试验。

6. 砂浆技术性质试验：沉入度和分层度试验、抗压强度试验。

（四）实践部分复习思考题

1. 砂、石筛分试验中标准筛的有关规定，试样质量及份数、分计筛余率和累计筛余率计算，砂子细度模数计算，砂子粗细程度判定，石子最大粒径判定。

2. 砂、石视密度试验原理、试样质量及份数、视密度计算公式及试验结果精确度规定。

3. 砂、石堆积密度试验原理、堆积密度计算公式和试验结果精确度规定。

4. 砂、石含水率试验的试样质量及份数、烘箱温度和试验结果精确度规定。

5. 新拌混凝土试验中，实验室温、湿度要求以及原材料称量精度要求。

6. 坍落度试验所规定的混凝土流动性范围、最大粒径限值和操作时间限制。

7. 坍落度试验前必须用湿布将有关试验器具润湿的目的。

8. 混凝土拌和物含砂率、黏聚性、保水性的观察及判断方法。

9. 当不满足设计要求时，流动性、黏聚性、保水性的调整方法。

10. 混凝土表观密度试验的试样份数、量筒容积及试验结果精确度规定。

11. 混凝土立方体抗压强度试验的标准试件尺寸、非标准试件尺寸换算系数及一组试件块数。

12. 混凝土力学性能试验规定的实验室温度、标准养护条件及标准养护龄期。

13. 混凝土力学性能试验机的精度要求和量程有效范围。

14. 立方体抗压强度、劈裂抗拉强度、棱柱体强度、抗折强度的加荷方向及加荷速度规定。

15. 立方体抗压强度、劈裂抗拉强度、棱柱体强度、抗折强度的试验结果数据处理方法。

16. 混凝土静压弹性模量试验标准试件尺寸及一组试件块数。

17. 静压弹性模量试验基准荷载值、试验荷载值、加荷速度、试验各阶段持荷时间及试件对中有效的判定条件。

18. 静压弹性模量的计算方法和精确度规定、试验结果数据处理方法。

五、"建筑钢材"重点及思考题

（一）理论部分重点与要求

1. 建筑钢材也是重要建筑材料之一，要求围绕碳素结构钢的性能，系统地理解和掌握成分、晶体组织、冶炼、加工和热处理等方面对钢材性能的影响，其重点是成分与晶体组织对性能的影响。

2. 熟悉冶炼方法（炉型）、脱氧程度与钢材杂质含量及晶体结构的联系，从而理解不同炉型、不同脱氧程度钢材品质的差异。

3. 深入了解铁碳合金中各晶体组织的组成方式以及各自的特性。

4. 掌握低碳钢拉伸应力-应变曲线各阶段的物理力学意义，掌握由此派生的主要力学性质指标。

5. 掌握钢材的冲击韧性的概念及其影响因素。

6. 掌握 C、Si、Mn、S、P、O、N 等元素对钢性能的影响。

7. 了解热处理原理及主要热处理方法，理解不同热处理方法对钢材晶体结构、性质的影响。

8. 掌握钢材冷加工强化、应变时效概念，以及它们在实际工程中的应用。

9. 掌握普通碳素结构钢、优质碳素结构钢、低合金高强度结构钢等的牌号意义及应用。

10. 掌握热轧钢筋的等级划分、力学性能和工艺性能指标。

11. 了解冷轧带肋钢筋、预应力混凝土用钢丝、预应力混凝土用钢棒、预应力混凝土用钢绞线的国家标准、技术性质及工程应用。

12. 了解桥梁结构钢、钢轨钢的牌号、技术性质指标及工程应用。

（二）理论部分复习思考题

1. 冶炼方法（炉型）、脱氧程度对钢材杂质含量和品质的影响。

2. 钢材按炉型、脱氧程度、化学成分、用途等进行的分类。

3. 钢的细晶强化、纯铁的同素异晶转变和合金组织基本类型（固溶体、化合物、机械混合物）。

4. 钢中的晶体组织（奥氏体、铁素体、渗碳体、珠光体）的概念及其性能特点。

5. 铁碳合金晶体平衡组织随温度、含碳量变化而变化的规律（铁碳平衡图）。

6. 低碳钢拉伸时的应力-应变规律及主要力学性质和技术指标。

7. 钢材冲击韧性定义、试验方法以及温度和加荷时间对冲击韧性 a_k 值的影响（冷脆性和时效敏感性）。

8. 钢中各化学元素对其性能的影响。

9. 钢材热处理的方式及效果。

10. 冷加工强化和时效的原理及其在建筑工程上的应用。

11. 普通碳素结构钢、优质碳素结构钢、低合金高强度结构钢的牌号及选用。

12. 热轧钢筋、冷轧带肋钢筋、预应力混凝土用钢丝、预应力混凝土用钢棒、预应力混凝土用钢绞线的分类、性能及应用。

13. 桥梁及钢轨用钢的技术要求及两种钢的常用牌号。

14. 钢材腐蚀的类型及常用防腐方法。

（三）实践部分重点与要求

　　1. 本课程前置课程材料力学已在实验中做过钢材的拉伸试验、扭转试验等，本实验是在其基础上的补充完善，主要测定钢材的冲击韧性、硬度及工艺性能中的冷弯实验。在实验中，采用含碳量不同的钢材（低碳钢、中碳钢、高碳钢）及热处理（淬火）中碳钢进行性能测试。通过实践掌握试验原理，熟悉试验条件与方法，掌握试验数据的处理与评定方法。通过试验结果分析获得含碳量及热处理方式对钢材性能产生影响的感性认识。

　　2. 洛氏硬度试验：试验原理及目的、洛氏硬度标尺、压头和荷载选择及强度极限估计。

　　3. 冲击韧性试验：试验原理及目的、试件缺口类型及冲击韧性值计算。

　　4. 冷弯工艺试验：试验原理及目的、冷弯参数确定及冷弯合格判定。

（四）实践部分复习思考题

　　1. 钢材试验的实验室温度规定。

　　2. 含碳量及淬火热处理对钢材硬度和冲击韧性的影响。

　　3. 洛氏硬度标尺、压头和荷载选择的目的。

　　4. 洛氏硬度试验中设置初荷载的意义，卸除主荷载后才读取硬度值的原因。

　　5. 冲击韧性试验中若试件未被冲断，记录试验结果与处理方法。

　　6. 冲击韧性试验中试件缺口类型不同对试验结果的影响。

　　7. 冷弯参数包括的内容及选用。

六、"木材"重点及思考题

（一）理论部分重点与要求

　　1. 木材是天然纤维质材料，应了解木材的亚微观结构与宏观构造（细胞构造、生长方向、排列方式、紧密程度等）、木材疵病（木节、斜纹、腐朽等）和多孔特征，为掌握木材性质打下基础。

　　2. 通过木材物理力学性质的学习，重点掌握木材各向异性、含水率和疵病对其强度及变形性质的影响，以及木材的合理使用问题，要以性质为中心，把构造、性质与应用三者紧密联系起来。

　　3. 了解木材综合利用的途径以及节约使用木材的基本原则。

（二）理论部分复习思考题

　　1. 木材作为建筑材料的主要优缺点。

　　2. 针叶木与硬阔叶木的性质及其在建筑上的应用。

3. 木材的宏观构造和亚微观结构。

4. 木材的构造特点（多孔性、方向性和不均匀性）对木材物理力学性质的影响。

5. 纤维饱和点、平衡含水率和标准含水率的意义。

6. 木材湿胀和干缩现象的原因及后果。

7. 木材强度的分类及其在建筑上的应用。

8. 影响木材强度的主要因素。

9. 节约木材资源的主要途径及措施。

10. 木材装饰性的主要表现。

（三）实践部分重点与要求

1. 通过木材物理力学性能试验，掌握试验原理，熟悉试验条件与方法，并能根据试验结果分析木材各种性能的特点以及主要影响因素。

2. 木材含水率试验：试件取样方法与个数、烘箱温度要求、烘至恒量的判定、称量精度及含水率计算方法。

3. 木材顺纹抗压强度试验：试件尺寸、加荷方向及速度、含水率测定，含水试件强度及标准强度计算方法。

4. 木材顺纹抗拉强度试验：试件形状与尺寸、试件厚度和宽度量测，加荷速度、试验结果有效判定、含水率测定，含水试件强度及标准强度计算方法。

5. 木材弦向抗弯强度试验：试件尺寸、径向宽度及弦向高度量测，加荷方向及速度、含水率测定，含水试件强度及标准强度计算方法。

6. 木材顺纹抗剪强度试验：试件形状与尺寸、试件剪切面宽度和长度量测，加荷速度、含水率测定，含水试件强度及标准强度计算方法。

（四）实践部分复习思考题

1. 木材试验时温度及相对湿度的要求。

2. 木材各种强度试验后，其含水率试件的取样要求。

3. 木材各种强度试验的破坏荷载读数精度。

4. 木材各种强度试验的计算结果修约。

5. 木材标准强度所规定的标准含水率以及标准强度公式适用范围。

七、"合成高分子建筑材料"重点及思考题

（一）理论部分重点与要求

塑料是一种广泛应用的材料，它用作建筑材料的历史不长，但发展却很快。在建筑工

程上，塑料不仅用于非结构性材料，且已涉足结构材料领域，逐渐成为一种具有重要地位的新型建筑材料。本章要求对建筑塑料的组成、性能和应用做一般性了解。

（二）理论部分复习思考题

1. 塑料的基本组成及其作用。
2. 建筑塑料的优缺点及在建筑工程中的应用。
3. 热塑性树脂和热固性树脂的定义及其性能特点。
4. 聚氯乙烯塑料与酚醛树脂塑料在性能和用途上的特点。
5. 玻璃钢的组成、性质和应用。
6. 胶黏剂的胶黏机理，环氧树脂胶黏剂的基本组成及其作用。
7. 聚氯乙烯胶泥的组成、性质和应用。
8. 橡胶的分类、主要特性及其在工程中的应用。
9. 高分子防水卷材、防水涂料的品种、特性及应用。

八、"沥青及防水材料"重点及思考题

（一）理论部分重点与要求

1. 沥青是有机胶凝材料之一，要求掌握石油沥青的组分、结构、性能和应用范围。重点掌握石油沥青的胶结性、防水性、大气稳定性和温度稳定性等，以及与组分之间的关系。通过与石油沥青的对比，了解煤沥青的组分、性能及应用。
2. 石油沥青的用途广泛，在这里主要要求将其用作防水材料，掌握配制石油沥青防水材料的一般方法、原则和使用时的注意事项。
3. 了解改性石油沥青的种类、用途以及改性沥青制品的应用。
4. 了解沥青混合料的组成、结构、强度理论及主要技术要求。

（二）理论部分复习思考题

1. 石油沥青组分的定义及主要组分的性质。
2. 石油沥青的胶体结构状态和其组分比例以及温度的关系。
3. 石油沥青的黏性、塑性和温度稳定性的定义及技术指标。
4. 石油沥青"老化"的原因及其对工程质量的影响。
5. 石油沥青的技术标准及选用。
6. 煤沥青的组分、性能和应用，煤沥青与石油沥青在组分、性能等方面的差异。

7. 冷底子油的配制方法及应用。

8. 乳化沥青的乳化、成膜原理以及常用乳化剂。

9. 工程上常用的改性沥青的种类、改性材料和性能特点（如 SBS、APP 等）。

10. 各种沥青制品的组成材料、制造方法和应用。

11. 沥青混合料的高温稳定性概念及技术指标。

（三）实践部分重点与要求

1. 黏滞性、塑性、温度稳定性是沥青的三大技术性质，其对应的技术指标分别为针入度、延度及软化点。通过石油沥青三大技术指标的试验，了解沥青试样的制备，掌握试验原理，熟悉试验条件和步骤，掌握试验数据处理方法，并能根据试验结果评定沥青的牌号。

2. 通过现场参观实习，了解沥青混合料马歇尔稳定度试验。

3. 沥青针入度试验：针杆总质量、试验温度、针入时间及试验数据处理。

4. 沥青延度试验：试验温度、拉伸速度、拉伸断裂状态判定及试验数据处理。

5. 沥青软化点试验：加热介质选择、介质初始温度、介质加温速度、软化点温度判定及试验数据处理。

（四）实践部分复习思考题

1. 沥青针入度试验的三大试验条件要素。

2. 当沥青针入度大于或小于 200 时，针入度的测定方法。

3. 延度试验时，沥青浮于水面或沉入槽底的原因和处理方法。

4. 软化点试验选择加热介质的依据。

5. 软化点试验过程，应控制的水浴或甘油浴的初始温度和加温速度。若温度控制失败，其试验结果的处理方法。

九、"其他建筑材料"重点及思考题

（一）理论部分重点与要求

1. 了解墙体材料中烧结砖、非烧结砖、砌块等的品种、规格、技术指标和应用特点。熟悉烧结普通砖的原料、烧结、技术要求、质量鉴定和应用。

2. 了解天然石材的分类及主要技术性质，熟悉建筑上常用天然石料的品种、性质及其应用。

3. 了解常用建筑装饰材料的品种、性能及其应用。

4. 了解材料保温、隔热和吸声的作用原理，了解常见保温、隔热、吸声材料的品种、性能及其应用。

（二）理论部分复习思考题

1. 普通黏土砖烧结工艺及其对砖质量的影响。
2. 烧结普通砖的技术指标与质量评定。
3. 天然石材的技术性质和工艺性质。
4. 天然石料在建筑工程中的应用。
5. 装饰材料的装饰特性及基本要求。
6. 常用装饰材料制品（玻璃、建筑涂料、饰面石材、建筑陶瓷）的种类、性质和应用。
7. 材料的导热系数、导温系数的定义及其影响因素。
8. 材料吸声的作用原理，多孔吸声材料与多孔保温材料内部孔隙构造的差异及原因。

（三）实践部分重点与要求

1. 通过烧结普通砖试验，掌握抗压强度的测定方法，熟悉其他技术指标的规定，掌握质量等级评定。

2. 烧结普通砖抗压强度试验：试件制备与试件块数，试件养护条件与龄期，试件加荷速度及强度统计参数（强度平均值、强度标准差、强度平均值、强度变异系数和强度最小值）计算。

（四）实践部分复习思考题

1. 烧结普通砖各技术指标试验的取样方法及块数。
2. 烧结普通砖抗压强度试验试件的制备方法及养护。
3. 单块试件抗压强度值的计算精度及强度代表值的精度。
4. 根据强度变异系数选择强度统计参数进行烧结普通砖强度的等级评定。

第二部分

自测试题

试题 I 材料基本性质及气硬性胶凝材料

（一）名词解释

（1）材料的表观密度   （2）材料的软化系数；

（3）材料的脆性；   （4）材料的耐久性；

（5）材料的导热系数；   （6）材料的比强度；

（7）胶体结构；   （8）玻璃体结构

（9）石灰的陈伏；   （10）气硬性胶凝材料。

（二）简答题

1. 建筑材料按化学成分可分为哪三种？

2. 亲水与憎水材料是怎样划分的？

3. 两种成分相同的材料，表观密度较大者，其孔隙率、强度、耐久性、隔热性如何？

4. 韧性材料与脆性材料在动荷载作用下发生破坏，两者在破坏过程中发生变形，吸能大小有何不同？

5. 材料的内部结构分为哪些层次？不同层次的结构中，其结构状态或特征对材料性质有何影响？

6. 材料的质量吸水率和体积吸水率有何不同？什么情况下采用体积吸水率来反映材料的吸水性？

7. 什么是材料的耐久性？材料的耐久性都包括哪些内容？材料为什么必须具有一定的耐久性？

8. 当某种材料的孔隙率增大时，下表内其他性质如何变化？（用符号表示：↑增大、↓下降、一不变、？不定）

孔隙率	密度	表观密度	强度	吸水率	抗冻性	导热性
↑						

9. 试述如何用简单的方法区别石灰、石膏和白水泥三种胶凝材料。

10. 建筑材料的耐水性可用什么指标进行评定？

11. 在下列环境及工程条件下应选用何种胶凝材料？

（1）民用建筑内墙顶面，要求吸声阻燃；

（2）要求提高建筑砂浆的保水性；

（3）隧道防水堵漏；

（4）路基基础土加固；

（5）硅酸盐制品。

（三）改错题

1. 复合材料是两种不同的材料复合而成的。

2. 材料的含水率只是材料在特殊状态下的一种吸水率，通常后者大于前者。

3. 所有的材料长期浸泡在没有压力的水中，其强度都会降低（如有错误，举例说明）。

4. 材料的孔隙率越大，其抗冻性越差。

5. 某些材料虽然在受力初期表现为弹性，达到一定程度后表现出塑性特征，这类材料称为塑性材料。

6. 将某种含水的材料，置于不同的环境中，分别测得其密度，其中以干燥条件下的密度为最小。

7. α型半水石膏是由天然二水石膏在无压力的炉窑中经 120～180 ℃ 低温煅烧后得到的产品。

8. 由于混凝土有较高的抗拉强度，因此在建筑工程上常用其制作钢筋混凝土梁。

9. 欠火石灰与过火石灰对工程质量产生的后果是一样的（如有错误，加以说明）。

10. 石灰"陈伏"是为了降低熟化时的放热量。

（四）单项选择题

1. 材料孔隙率大小对材料的密度_____。

　① 有影响，随着增加而增加　　② 有影响，随着增加而减少

　③ 有影响，但变化规律不能确定　④ 无影响

2. 同一种材料的密度与表观密度差值较小，这种材料的_____。

　① 孔隙率较大　　　　　　② 保温隔热性较好

　③ 吸音能力强　　　　　　④ 强度高

3. 散粒材料的颗粒表观密度是以颗粒的质量除以_____求得的。

　① 材料颗粒自然堆积的体积　② 材料颗粒绝对密实的体积

　③ 材料颗粒放入水中所排开液体的体积　④ 材料颗粒自然状态的体积

4. 孔隙率相等的同种材料，其导热系数在_____时变小。

　① 孔隙尺寸增大，且孔互相连通　② 孔隙尺寸减小，且孔互相封闭

　③ 孔隙尺寸增大，且孔互相封闭　④ 孔隙尺寸减小，且孔互相连通

5. 为了达到恒温目的，在选择围护结构材料时，宜选用_____。

　① 导热系数小，热容量小　　② 导热系数小，热容量大

③ 导热系数大，热容量小　　　　　　　　④ 导热系数大，热容量大

6. 现有甲乙两种墙体材料，密度及表观密度相同，而甲的质量吸水率为乙的两倍，则甲材料_____。

① 比较密实　　　　　　　　　　　　② 抗冻性较差

③ 耐水性较好　　　　　　　　　　　④ 导热性较低

7. 有一批湿砂质量 100 kg，含水率为 3%，其干砂质量为_____ kg。

① 3　　　　　　　② 97　　　　　　③ $\dfrac{100}{1-3\%}$　　　　④ $\dfrac{100}{1+3\%}$

8. 在体积吸水率与质量吸水率关系式 $\beta' = \beta\rho_0$ 中，表观密度 ρ_0 的单位应为_____。

① kg/m^3　　　　　　　　　　　　② g/cm^3

③ kg/cm^3　　　　　　　　　　　④ 任意单位（单位体积质量）

9. 水玻璃常用的硬化剂为_____。

① NaF　　　　　② Na_2SiF_6　　　③ Na_2SO_4　　　④ $Ca(OH)_2$

10. 石灰的特性之一是：硬化时产生_____。

① 较大膨胀　　　　　　　　　　　　② 较大收缩

③ 微膨胀　　　　　　　　　　　　　④ 微收缩

11. _____浆体在凝结硬化过程中，体积发生微小膨胀。

① 石灰　　　　　② 石膏　　　　　③ 水泥　　　　④ 水溶性聚合物

12. 生石灰熟化成石灰浆，使用前应在储灰池中"陈伏"，其目的是_____。

① 方便结晶　　　　　　　　　　　　② 蒸发多余水分

③ 降低放热量　　　　　　　　　　　④ 消除过火石灰危害

13. 石灰浆体在空气中逐渐硬化，主要是由于_____作用来完成的。

① 碳化和熟化　　　　　　　　　　　② 结晶和陈伏

③ 熟化和陈伏　　　　　　　　　　　④ 结晶和碳化

14. 材料在吸水后，将使材料的何种性能增强？_____。

　Ⅰ.强度　　　Ⅱ.密度　　　Ⅲ.表观密度　　　Ⅳ.导热系数　　　Ⅴ.比热容

① Ⅰ、Ⅳ　　　② Ⅱ、Ⅲ、Ⅴ　　　③ Ⅲ、Ⅳ　　　④ Ⅱ、Ⅲ、Ⅳ、Ⅴ

15. 混凝土抗冻等级 F15 中的 15 是指_____。

① 承受冻融的最大次数是 15 次

② 冻结后在 15℃的水中融化

③ 最大冻融次数后质量损失率不超过 15%

④ 最大冻融次数后强度损失率不超过 15%

16. 材料的耐水性指材料_____而不破坏，其强度也不显著降低的性质。

① 在水作用下　　　　　　　　　　　② 在压力水作用下

③ 长期在饱和水作用下　　　　　　　④ 长期在湿气作用下

17. 建筑中用于地面、踏步、台阶、路面等处的材料应考虑其_____性。

① 含水性　　　　　　　　　　　　　② 导热性

③ 弹性和塑性　　　　　　　　　　　④ 硬度和耐磨性

18. 1 m³ 自然状态下的某种材料干燥质量为 2 400 kg，孔隙体积为 25%，其密度_____。

　　① 1.8　　　　　② 3.2　　　　　③ 2.6　　　　　④ 3.8

（五）多项选择题

1. 下列_____材料具有玻璃体结构。
   ① 火山灰　　　　　　　　　② 快冷的烧高岭土（偏高岭土）
   ③ 石膏　　　　　　　　　　④ 慢冷的矿渣块　　　　⑤ 花岗岩石粉

2. 下列_____属于脆性材料。
   ① 砖　　　　　　　　　　　② 石材　　　　　　　③ 混凝土
   ④ 砂浆　　　　　　　　　　⑤ 钢材

3. 按常压下水能否进入材料中,可将材料的孔隙分为_____。
   ① 开口孔　　　　　　　　　② 球形孔　　　　　　③ 闭口孔
   ④ 非球形孔　　　　　　　　⑤ 毛细孔

4. 影响材料的吸湿性的因素有_____。
   ① 材料的组成　　　　　　　② 微细孔隙的含量　　③ 耐水性
   ④ 材料的微观结构　　　　　⑤ 孔径大小

5. 土木工程材料与水有关的性质有_____。
   ① 耐水性　　　　　　　　　② 抗剪性　　　　　　③ 抗冻性
   ④ 抗渗性　　　　　　　　　⑤ 亲水性

6. 建筑石膏的主要特性包括_____。
   ① 耐水性差　　　　　　　　② 孔隙率高
   ③ 凝结过程体积微膨胀　　　④ 有一定耐火性
   ⑤ 强度较高

7. 建筑石灰主要特性包括_____。
   ① 熟化后石灰浆体保水性好
   ② 石灰砂浆需要干燥、碳化完成硬化过程
   ③ 石灰硬化过程收缩大
   ④ 石灰硬化慢、强度低、不耐水
   ⑤ 建筑消灰粉和石灰膏的用途不同

8. 水玻璃主要用途包括_____。
   ① 涂刷浸渍石膏制品
   ② 涂刷浸渍黏土砖和硅酸盐制品
   ③ 配制耐酸混凝土及砂浆
   ④ 配制耐热混凝土及砂浆
   ⑤ 加固土地基，以及配制水泥水玻璃液体压浆堵漏

（六）计算题

1. 干燥块状材料试样质量 500 g，将其置于装满水的容器中浸水饱和后排开水的体积为 200 cm³，取出试样并擦干表面再重新将其置于装满水的容器中排开水的体积为 250 cm³，

求此材料的视密度、质量吸水率和体积吸水率。

2. 一质量为 4.10 kg、体积为 10.0L 的容量筒，内部装满最大粒径为 20 mm 的干燥碎石，称得总质量为 19.81 kg。向筒内注水，待石子吸水饱和后加满水，称得总质量为 23.91 kg。将此吸水饱和的石子用湿布擦干表面，称得其质量为 16.02 kg。试求该碎石的堆积密度、质量吸水率、表观密度、视密度和空隙率。

3. 破碎的岩石试样，经完全干燥后质量为 482 g。将它放入盛有水的量筒中，经 24 小时后，水平面由 452 cm³ 升至 630 cm³。取出试样擦干表面称得质量为 487 g。试求：（1）该岩石的视密度；（2）开口孔隙率。

4. 某厂生产的烧结粉煤灰砖，干燥表观密度为 1 450 kg/m³，密度为 2.5 g/cm³，质量吸水率为 18%。试求：（1）砖的孔隙率；（2）体积吸水率；（3）孔隙中开口孔隙体积与闭口孔隙体积各自所占总孔隙体积的百分数。

5. 现有甲、乙两种墙体材料，密度均为 2.70 g/cm³。甲的干燥表观密度（$\rho_{0甲}$）为 1 400 kg/m³，质量吸水率（$\beta_甲$）为 17%。乙浸水饱和后的表观密度（$\rho_{0乙}$）为 1 862 kg/m³，体积吸水率（$\beta'_乙$）为 46.2%。试求：（1）甲材料的孔隙率（$\rho_甲$）和体积吸水率（$\beta'_甲$）；（2）乙材料的干燥表观密度（$\rho_{0乙}$）和孔隙率（ρ_2）；（3）哪种材料抗冻性差，并说出理论根据。

6. 某种材料的密度为 2.68 g/cm³，浸水饱和状态下的表观密度为 1 870 kg/m³，该材料测得体积吸水率为 4.70%，试求该材料干燥状态下的表观密度及孔隙率各为多少？

7. 普通黏土砖进行抗压实验，浸水饱和后的破坏荷载为 183 kN，干燥状态的破坏荷载为 207 kN（受压面积为 115 mm×120 mm），问此砖是否适合用于建筑物中常与水接触的部位？

（七）分析问答题

1. 简述材料孔隙率及孔隙特征（开口孔隙率大小，孔隙多少，大孔与小孔）对材料强度、吸水性、抗渗性、抗冻性及导热性的影响。

2. 根据石灰浆体的凝结硬化过程，试分析硬化石灰浆体有哪些特性？

3. 为什么新建房屋的保暖性差，尤其在冬季？

4. 建筑石膏及其制品为什么适用于室内，而不适用于室外使用？

5. 试比较石灰、石膏和水玻璃在性能上的异同点。

6. 从建筑石膏凝结硬化形成的结构，说明石膏为什么强度降低，耐水性和抗冻性差，而绝热性和吸声性较好？

7. 何谓欠火石灰、过火石灰？各有何特点？欠火石灰和过火石灰对石灰的使用有什么影响？

8. 石灰是气硬性胶凝材料，耐水性较差，但为什么拌制的灰土，三合土却具有一定的耐水性？

9. 某多层住宅楼室内抹灰采用的是石灰砂浆，交付使用后逐渐出现墙面普通鼓包开裂，试分析原因。为避免这种事故发生，应采取什么措施？

【部分计算题答案】

3. （1） $\rho' = 2.71\,\text{g/cm}^3$ ；（2） $P_k = 2.73\%$ 。

4. （2） $P = 42\%$ ；（2） $\beta' = 26.1\%$ ；（3） 62.1% ， 37.9% 。

5. （1） $P_甲 = 48.1\%$ ， $\beta'_甲 = 23.8\%$ ；（2） $P_{0乙} = 1\,400\,\text{kg/m}^3$ ， $P_乙 = P_甲 = 48.1\%$ 。

6. $\rho_0 = 1\,823\,\text{kg/m}^3$ ， $P = 31.98\%$ 。

试题II 水 泥

（一）名词解释

（1）硅酸盐水泥；　　　　（2）C—S—H 凝胶；　　　　（3）钙矾石；

（4）凝聚结构；　　　　　（5）触变性；　　　　　　（6）水泥体积安定性；

（7）软水腐蚀；　　　　　（8）硫酸盐腐蚀；　　　　（9）活性混合材；

（10）铝酸盐水泥晶型转变；（11）C_3S；　　　　　　（12）水泥凝结时间；

（13）二次水化。

（二）简答题

1. 硅酸盐水泥主要熟料矿物有哪些？它们在性能上有何异同点？

2. 导致水泥体积安定性不良的原因是什么？如何检验判定？

3. 水泥石结构组成有哪些？随龄期如何变化？

4. 水泥中掺入适量石膏的作用是什么？

5. Na_2O 和 K_2O 对水泥制品有什么危害？

6. 低热水泥与硅酸盐水泥在熟料矿物组成上有什么不同？

7. 影响水泥石强度发展的因素有哪些？

8. 活性混合材的激发剂有哪两类？其水化过程和水化产物有何特点？

9. 什么是硫铝酸盐水泥？它的主要矿物组成是什么？

10. 下列混凝土工程中应优选哪种水泥？

（1）有耐磨抗冲刷要求的混凝土工程；

（2）海港码头；

（3）穿过盐湖地区的铁路工程；

（4）水坝工程；

（5）水位变化范围的混凝土；

（6）处于高温环境（200 ℃）的车间；

（7）严寒地区受冻混凝土；

（8）预应力混凝土梁；

（9）采用湿热（蒸汽）养护的混凝土构件；

（10）处于干燥环境下的混凝土工程；

（11）军事抢修工程（临时工程）；

（12）喷射混凝土；

（13）防水堵漏混凝土；

（14）后浇带混凝土；

（15）一般民用建筑（梁、柱）。

（三）单项选择题

1. 下列几种水化产物中，化学稳定性最好的是_____。
   ① CAH_{10}　　　　② C_2AH_8　　　　③ C_3AH_6　　　　④ C_4AH_{12}

2. 常用几种水泥中，_____早期强度最高且放热量最大。
   ① 硅酸盐水泥　　　　　② 普通硅酸盐水泥　　　　③ 矿渣硅酸盐水泥
   ④ 粉煤灰硅酸盐水泥　　⑤ 火山灰硅酸盐水泥

3. 石膏对硅酸盐水泥石的腐蚀是一种_____腐蚀。
   ① 溶解型　　　　② 溶出型　　　　③ 膨胀型　　　　④ 松散无胶结型

4. 沸煮法安定性试验是检测水泥中_____含量是否过多。
   ① f-CaO　　　② f-MgO　　　③ SO_3　　　④ f-CaO 和 f-MgO

5. 掺混合材的水泥在_____条件下更易于水化凝结硬化。
   ① 自然养护　　　② 水中养护　　　③ 蒸汽养护　　　④ 标准养护

6. 处于干燥环境的混凝土工程不宜使用_____水泥。
   ① 硅酸盐水泥　　② 火山灰水泥　　　③ 矿渣水泥　　　④ 普通水泥

7. 硅酸盐水泥适用于_____工程中。
   ① 大体积混凝土　　　　　② 预应力混凝土
   ③ 耐热混凝土　　　　　　④ 受海水侵蚀混凝土

8. 铝酸盐水泥适宜的养护温度为_____。
   ① ＜5 ℃　　　② 5～20 ℃　　　③ ＞20 ℃　　　④ ＞30 ℃

9. 冬季施工的混凝土和遭受反复冻融的混凝土宜选用_____。
   ① 硅酸盐水泥　　　　　② 火山灰硅酸盐水泥
   ③ 粉煤灰硅酸盐水泥　　④ 矿渣硅酸盐水泥

10. 提高水泥熟料中_____成分含量，可制得高强度等级水泥。
    ① C_3S　　　② C_2S　　　③ C_3A　　　④ C_4AF

11. 浇灌大体积混凝土基础宜选用_____。
    ① 硅酸盐水泥　　　　　② 铝酸盐水泥
    ③ 矿渣水泥　　　　　　④ 硅酸盐膨胀水泥

12. 铝酸盐水泥可用于_____。
    ① 高温高湿环境　② 接触碱溶液的工程　③ 大体积混凝土　④ 临时抢修工程

13. 水泥体积安定性即指水泥浆在硬化时保证其_____的性质。
    ① 产生高密实度　　② 体积变化均匀　　　③ 不变形　　　④ 收缩

14. 硅酸盐水泥中单位质量放热量最大的矿物是_____。
    ① C_3A　　② C_4AF　　③ C_3S　　④ 石膏

15. 完全水化的硅酸盐水泥石中，_____是最主要的水化产物。
    ① 水化硅酸钙（C-S-H 凝胶）　　　② 氢氧化钙
    ③ 高硫型水化硫铝酸钙　　　　　　④ 单硫型水化硫铝酸钙

16. 若强度等级相同，抗折强度最高的水泥是_____。

　① 硅酸盐水泥　　　　　　② 普通硅酸盐水泥

　③ 彩色硅酸盐水泥　　　　④ 道路硅酸盐水泥

17. 水泥的初凝时间不宜太早是为了_____。

　① 使混凝土有足够的施工时间

　② 水泥有充分的水化时间

　③ 降低水泥水化放热速度

　④ 使水泥制品达到一定强度，防止水泥制品开裂

（四）多项选择题

1. 下列几种混合材中，_____为活性混合材。

　① 黏土　　　② 石灰石　　　③ 粒状高炉矿渣　　　④ 煤矸石

　⑤ 块状矿渣　　⑥ 沸石粉　　　⑦ 粉煤灰

2. 下列物质中，_____可引起铝酸盐水泥瞬凝。

　① 石膏　　　② 石灰　　　③ 矿渣　　　④ 石灰石　　　⑤ 硅酸盐水泥

3. 抗硫酸盐水泥具有_____性能。

　① 早期水化热低　　　　② 有一定抗溶出性腐蚀能力

　③ 早期强度较低　　　　④ 可用于大体积混凝土　⑤ 凝结硬化速度快

4. 造成水泥体积安定性不良的原因有_____。

　① 掺入了过量的石膏　　　　　② 掺入了过量的石灰石粉

　③ 熟料中的游离氧化钙太多　　④ 掺入了过量的混合材料

　⑤ 含有较多的 Na_2O 和 K_2O

5. 粉煤灰水泥比硅酸盐水泥配制混凝土耐久性高的原因是粉煤灰水泥_____。

　① 水化产物中氢氧化钙较少　② 铝酸三钙含量降低

　③ 水化速度降低　　　　　　④ 早期水化热降低　　⑤早期强度发展快

6. 需采用水泥标准稠度净浆的试验项目有_____。

　① 胶砂强度　　　② 碱含量　　　③ 细度　　　④ 安定性　　　⑤ 凝结时间

7. 下列关于火山灰水泥说法正确的是_____。

　① 干缩性较大　　② 后期强度较大　　　③ 不适用于有抗侵蚀要求的一般工程

　④ 适用于蒸汽养护的混凝土构件　　　⑤ 适用于有耐磨要求的工程

8. 为了降低水泥的水化热可以用的方法有_____、低热水泥控制成分。

　① 增大水泥细度　　② 降低熟料中 C_3A 和 C_3S 含量

　③ 降低熟料中 C_2S 和 C_4AF 含量　　④ 提高熟料中 C_3A 和 C_3S 含量

　⑤ 提高熟料中 C_2S 和 C_4AF 含量

（五）改错题

1. 随着水化程度的增加，水泥石中凝胶孔减少，毛细孔增加。

2. 普通硅酸盐水泥是以 28 d 平均抗压强度作为强度等级的值。

3. 碱性激发作用是活性混合材中的活性氧化硅及活性氧化铝与石膏的反应。

4. 新拌水泥浆体向凝聚结构的转变表征浆体开始有强度，并完全失去塑性。

5. 因为水泥是水硬性胶凝材料，故运输和储存时不怕受潮和雨淋。

6. 水泥石的硫酸盐腐蚀主要是生成了碳酸钙（$CaCO_3$）引起体积膨胀破坏。

7. 硅酸盐水泥水化热高，适合用于耐热混凝土工程。

8. 在海洋环境条件下，往往水下混凝土结构的腐蚀强于浪溅区混凝土结构。

9. 与硅酸盐水泥相比，普通硅酸盐水泥掺入了混合材料，早期水化热、早期强度有所降低。因此，GB 175—2007 对相同等级的上述 2 种水泥早期（3 天）强度要求也不同。

10. 中热硅酸盐水泥和低热硅酸盐水泥适用于大体积水工建筑物水位变动区的覆面层及大坝溢流面，但由于其抗硫酸盐侵蚀能力差，不能用于受硫酸盐侵蚀的工程。

11. 根据现行规范 GB 175—2007/XG3—2018，复合硅酸盐水泥的强度等级分为 32.5、32.5R、42.5、42.5R、52.5 和 52.5R 六个等级。

（六）分析题

1. 试根据硅酸盐水泥的主要技术性质（细度、凝结时间、安定性和强度），说明其对工程的实用意义。

2. 简述硅酸盐水泥的凝结硬化过程。

3. 与硅酸盐水泥相比，掺混合材料水泥在组成、性能、应用上有何特点？

4. 在水泥生产中加入石膏，水泥制品接触硫酸盐土壤，在水化过程均伴有水化硫铝酸钙生成，其作用有何不同？

5. 试根据熟料矿物成分分析下面两种硅酸盐水泥的性质差异（强度、水化速度、放热量和耐蚀性）。

水泥品种	熟料矿物组成/%			
	C_3S	C_2S	C_3A	C_4AF
甲	52	21	10	17
乙	45	30	7	18

6. 试根据矿渣水泥的组成（与硅酸盐水泥比较）分析其水化和水化产物的特点及其与应用的关系。

7. 简述硅酸盐水泥石腐蚀的基本原因和防护措施。

试题 Ⅲ　混凝土与砂浆

（一）名词解释

（1）骨料的级配；　　　　（2）粗骨料的针片状颗粒；　　（3）骨料的压碎指标；

（4）减水剂　　　　　　　（5）混凝土和易性；　　　　　（6）浆骨比；

（7）恒定用水量法则；　　（8）合理砂率；　　　　　　　（9）混凝土强度等级；

（10）混凝土标准养护；　　（11）混凝土徐变；　　　　　　（12）抗冻耐久性指数

（13）碱-骨料反应；　　　 （14）混凝土配合比体积法；　　（15）轻骨料混凝土；

（16）大孔混凝土；　　　　（17）高性能混凝土；　　　　　（18）高强混凝土；

（19）聚合物混凝土；　　　（20）喷射混凝土；　　　　　　（21）泵送混凝土；

（22）大体积混凝土；　　　（23）砂浆的分层度。

（二）问答题

1. 简述普通混凝土各组成材料的作用？

2. 水泥品种选用与工程结构、环境条件有什么关系？

3. 理论上骨料级配好的标志是什么？

4. 满足级配 5～10 mm、5～40 mm 要求的两种骨料，哪种空隙率低？

5. 压碎指标越大，强度越高还是越低？粗骨料与机制砂压碎指标评定方法有什么差别？

6. 为什么机制砂要测试亚加蓝 MB 值？而机制砂没有含泥量指标？

7. 机制砂的不规则或片状颗粒如何规定的？不规则或片状颗粒对混凝土有什么影响？

8. 为什么要限制粗、细集料中有害物质（硫化物、硫酸盐、有机物、云母等）的含量？

9. 选择粗集料最大粒径时主要考虑哪几方面的因素？

10. 常用的减水剂有哪几种？主要特点是什么？高性能减水剂与高效减水剂的区别？

11. 你认为粉煤灰等由水泥生产商掺入好还是由混凝土生产商掺入好？

12. 混凝土流动性测试时，坍落度适用范围是什么？什么情况需要测试扩展度或维勃稠度？

13. 什么是混凝土立方体抗压强度、混凝土立方体抗压强度标准值和混凝土强度等级？

14. 影响混凝土强度的主要因素有哪些？普通混凝土受压破坏时最可能发生在何处？

15. 何谓混凝土干缩变形和徐变？它们受哪些因素的影响？

16. 分析混凝土结构开裂的因素，如何改善混凝土结构的抗裂性能？

17. 国家规范对混凝土耐久性采取了哪些控制措施？为什么？

18. 混凝土耐久性主要指哪些性质？

19. 说明混凝土抗渗性和抗冻性的表示方法及其影响因素。

20. 碳化对钢筋混凝土性能有何影响？碳化受哪些因素影响？

21. 什么是碱-骨料反应，如何防止？

22. 进行混凝土配合比设计时必须满足哪几项基本要求？

23. 混凝土配合比设计中的主要三项参数是什么？

24. 试说明混凝土配制强度公式 $f_{cu,0} = f_{cu,k} + t\sigma$ 中各符号代表的含义。

25. 当混凝土原材料、配比发生改变，如砂变粗、W/B 增大、Dmax 增大、水泥用量增大，混凝土的合理砂率应如何调整（分别进行说明）？

26. 试比较碎石和卵石骨料配制的混凝土在性能上有何异同。

27. 引起混凝土质量波动的因素有哪些？

28. 钢筋混凝土保护层厚度是由哪些因素决定？

（三）改错题

1. 普通混凝土表观密度为 2 000 ~ 2 500 kg/m³，2 600 kg/m³ 以上为重混凝土，低于 1 950 kg/m³ 为轻混凝土。

2. 细骨料级配区分为 3 个区，I 类细骨料必须满足砂的级配要求，即只要满足 3 个级配区中的任意 1 个区。

3. 卵石、碎石颗粒的最小一维尺寸小于该颗粒所属粒级的平均粒径 0.45 倍者定义为不规则颗粒。

4. 粗骨料的最大粒径是指公称粒径的上限，5 ~ 40 mm 粒级的最大粒径为 37.5 mm。

5. 在普通混凝土中，当砂浆数量正好等于石子空隙体积时，水泥用量少，混凝土质量也最好。

6. 与连续级配相比，间断级配的骨料空隙率小，比表面积小，故用其拌制的混凝土和易性好，不易分层离析。

7. C-S-H 晶核外加剂是一种新型的减水剂，不但可以减少混凝土拌合物用水量，还能提高混凝土的早期强度。

8. 按其对混凝土作用效果分为普通减水剂（减水率≥8%）、高性能减水剂（减水率≥12%）和高效减水剂（减水率≥25%）。

9. 聚羧酸减水剂特点是减水率高，尤其适用于低强度、贫混凝土（胶凝材料用量少），但对于机制砂中石粉品种及质量较为敏感。

10. 木质素磺酸钙是一种高效减水剂，并具有促凝性质，因此不能用于大体积混凝土工程。

11. 无碱速凝剂（如硫酸铝系列）的缺点是后期强度低，发展高碱速凝剂可有效保证后期强度。

12. 在混凝土拌和物中加入适量引气剂后，由于引入气泡，使混凝土和易性及耐久性降低，同时也降低了混凝土的强度。

13. 大流动性混凝土拌合物根据扩展度分为 5 级，干硬性混凝土根据维勃稠度分为 6 级。

14. 在相同坍落度和水泥用量的情况下，碎石混凝土的强度必定高于卵石混凝土。

15. 混凝土中水泥用量越多，混凝土的密实性和强度越高。

16. 骨料的粒形对混凝土和易性有影响，但对混凝土强度无影响。

17. 流动性大的混凝土比流动性小的混凝土强度低。

18. 普通混凝土的强度与其 W/B 呈线性关系。

19. 一组 10 cm × 10 cm × 10 cm 混凝土试件标准养护 28 天的抗压强度平均值为 36 MPa，即立方体抗压强度为 36 MPa。

20. 在其他条件一定的情况下，混凝土的徐变随水泥浆用量的增加而减小，随水灰比的减小而增加，随粗骨料用量的增加而增加，混凝土的收缩则与上述规律相反。

21. 采用机械强力振捣，可使大孔混凝土密实度和均匀性提高，从而提高大孔混凝土的质量。

22. 轻骨料混凝土施工配合比中总用水量应为净用水量与轻骨料含水量之和。

23. 轻骨料混凝土强度取决于 W/B，与轻骨料强度无关。

24. 承包商在进行混凝土强度验收时应尽可能采用非统计方法，这样更为有利。

（四）判断题

1. 混凝土是目前乃至未来相当长时期内均无可替代的最重要的结构材料。　（　　）

2. 混凝土中选用水泥的强度等级不应低于混凝土强度等级，否则不能配制出强度合格的混凝土。　（　　）

3. 如果混凝土中采用的水泥中含有了粉煤灰，在混凝土中，不论什么环境或工况都不宜再加入粉煤灰。　（　　）

4. 机制砂是由机械破碎、整形、筛分、粉控等工艺制成粒径小于 4.75 mm 的颗粒，不包括软质、风化的颗粒。　（　　）

5. 骨料中有一定的含泥量，配制的混凝土施工性能有一定的改善，有助于提高混凝土质量。　（　　）

6. 机制砂的片状颗粒是指粒径 2.36 mm 以上的机制砂颗粒中最小一维尺寸小于该颗粒所属粒级的平均粒径 0.45 倍的颗粒。　（　　）

7. 连续级配适宜配制大流动性和塑性混凝土，间断级配适宜配制干硬性混凝土，不宜配制流动性混凝土，更不适宜配制泵送、大流态混凝土。　（　　）

8. 砂子粗细用细度模数来评定，砂子细度模数高，砂子越粗，质量也越好。（　　）

9. 4.75 mm 以下颗粒属于细骨料，如果细骨料中有 4.75 mm 以上的颗粒，说明级配不合格。　（　　）

10. 累计筛余不能控制分级筛余颗粒的多少，而造成级配变化，国家标准又将Ⅰ类砂的分级筛余进行控制。　（　　）

11. 掺混合材料水泥中混合材料与混凝土中掺合料在混凝土中的作用是一致的。　（　　）

12. 流动性不好，相同的振捣下混凝土拌和物不易填满模板，内部也不易密实，硬化后混凝土构件产生外观尺寸缺陷和空洞。　（　　）

13. 混凝土拌合物中浆体过稀，骨料与浆体之间的摩擦阻力降低，密度较大的骨料颗

粒下沉，浆体上浮，这种现象称为分层离析或黏聚性不良。（　　　）

14. 坍落度测试时，混凝土坍落后仍保持原来的圆台椎体形状坍落时才有测量的价值。

（　　　）

15. 配制大流动性混凝土，骨料的最大粒径降低，砂率提高，混凝土抗裂性提高。

（　　　）

16. 混凝土拌和物较大的泌水将降低混凝土结构的耐久性以及结构物的表观质量。

（　　　）

17. 混凝土受压破坏主要是由微裂缝的引发、扩展、贯通，最终破坏。（　　　）

18. 混凝土耐久性必须与结构所处的工程部位、环境类别及等级相对应。（　　　）

19. 海洋环境混凝土结构最容易劣化的是混凝土，其次是钢筋（锈蚀）。（　　　）

20. 碱硅酸反应需要掺入的掺合料很多，难以抑制。具有碱硅酸活性的骨料，工程中
一般不准使用。（　　　）

21. 混凝土配合比设计，在试验室试拌调整发现流动性、黏聚性、保水性均不满足要求，
应首先调整流动性，因为流动性是拌合物主要指标，黏聚性、保水性只做定性观察即可。

（　　　）

22. 轻骨料按其来源可分工业废料轻骨料、天然轻骨料和人造轻骨料。（　　　）

23. 加气混凝土是由胶凝材料（一般由水泥或石灰）与含硅材料（如石英砂、粉煤灰、
尾矿粉、粒化高炉矿渣、页岩等）加水和适量的加气剂，经混合搅拌、浇筑成型和蒸养硬
化而成。（　　　）

24. 保温及结构保温轻骨料混凝土用的粗骨料，其最大粒径不宜大于 30 mm；在结构
轻骨料混凝土中则不宜大于 40 mm。（　　　）

25. 轻骨料吸水率大，故在拌和前应对骨料进行预湿处理。若采用干燥骨料时，则应
注意骨料的附加吸水量（1 h 吸水量）。（　　　）

26. 高性能混凝土强调原材料优选、配比优化、严格施工措施、强化质量检测等全过
程质量控制理念。（　　　）

27. 高强度混凝土结构脆性增大，抗震吸能性降低，易出现早期收缩开裂，以及水化
热大等弱点。需要采用时，应采取措施来降低上述不利因素。（　　　）

28. 高强混凝土配比计算可以先设定胶凝材料用量、水胶比和砂率。用绝对体积法或
表观密度法计算出砂石用量，胶凝材料各组分比例由经验确定。（　　　）

29. 引气剂多采用磨细铝粉，而过氧化氢、碳化钙等也可作为引气剂。（　　　）

30. 预拌混凝土分为常规品和特制品，其中特制品包括高性能混凝土、自密实混凝土、
纤维混凝土、轻骨料混凝土和重混凝土。（　　　）

（五）单项选择题

1. 在高炉基础混凝土工程中，宜选择＿＿＿＿＿＿＿＿水泥。

　　① 普通硅酸盐　　　　　② 火山灰硅酸盐

　　③ 矿渣硅酸盐　　　　　④ 粉煤灰硅酸盐

2. 建设用砂中有害物质有＿＿＿＿＿＿＿＿。

　　①云母　　　②有机物　　　③石粉　　　④硫化物及硫酸盐

3. 混凝土用砂时，尽量选用_____。
    ① 细砂　　　　② 粗砂　　　　③ 级配良好的砂　　　④ 粒径比较均匀的砂

4. 某工地浇制 120 mm 厚混凝土实心板（非泵送），应选择_____石子为宜。
    ① 5~10 mm　　② 5~20 mm　　③ 5~40 mm　　④ 5~60 mm

5. 压碎指标是表示_____强度的指标。
    ① 混凝土　　　② 空心砖　　　③ 轻骨料　　　　④ 石子

6. 流态混凝土常用的外加剂是_____。
    ① 减水剂　　　② 早强剂　　　③ 引气剂　　　　④ 速凝剂

7. 在混凝土运输及浇筑过程中，不致产生分层离析，保持整体均匀性能称为混凝土拌和物的_____。
    ① 保水性　　　② 黏聚性　　　③ 耐水性　　　　④ 流动性

8. 对混凝土流动性大小起决定性作用的是_____。
    ① 砂率　　　　② 胶凝材料用量　　③ 用水量　　　④ 水胶比

9. 对混凝土强度起决定性作用的是_____。
    ① 用水量　　　② 胶凝材料用量　　③ 骨料强度　　④ 水胶比

10. 对混凝土耐久性起决定性作用的是_____。
    ① 用水量　　　② 胶凝材料用量　　③ 砂率　　　　④ 密实度

11. 对纵向长度较大的混凝土结构，规定在一定间距内设置建筑变形缝，其原因是_____。
    ① 为了建筑物断开
    ② 为了施工方便
    ③ 防止过大的温度变形导致结构破坏
    ④ 防止混凝土干缩导致结构破坏

12. 混凝土配合比调整中，保持强度不变，增加混凝土坍落度，应采用_____方案进行调整。
    ① 增加用水量　　　　　　　② 增加砂率，同时增加用水量
    ③ 增大水灰比　　　　　　　④ 水灰比不变，增加水泥浆量

13. 混凝土配合比设计时，选用水灰比的原则为_____。
    ① 采用最大水灰比　　　　　② 满足强度
    ③ 满足耐久性　　　　　　　④ 同时满足强度与耐久性

14. 配制高强度混凝土，宜采用_____砂。
    ① $M_X = 1.5$　　② $M_X = 2.1$　　③ $M_X = 2.8$　　④ $M_X = 3.5$

15. 铁道工程隧道衬砌层 C_{35} 级喷射混凝土，宜采用_____。
    ① 52.5 等级普通水泥　　　　② 52.5 等级矿渣水泥
    ③ 42.5 等级普通水泥　　　　④ 42.5 等级矿渣水泥

16. 采用泵送施工的高强度混凝土，首选的外加剂是_____。
    ① 减水剂　　　② 引气剂　　　③ 缓凝剂　　　　④ 早强剂

17. 下列材料中，强度与 W/B 无关的是_____。
    ① 普通混凝土　　　　　　　② 砌石砂浆

③ 抗渗混凝土　　　　　　　　④ 砌砖砂浆

18. 按照 GB/T 50476—2019 混凝土结构耐久性设计规范进行混凝土耐久性配合比设计，胶凝材料用量在低强度等级的混凝土应限制＿＿用量，高强度等级应限制＿＿用量。
① 最低，最高　　　　　　　　② 最高，最低
③ 最低，最低　　　　　　　　④ 最低和最高，最低和最高

19. 混凝土配合比设计，按照使用年限为 50 年设计的一般建筑物和构筑物为（　　　　）
① 城市地铁轻轨系统　　　　② 政府重要的办公楼
③ 大型的电视塔　　　　　　④ 大型的工业建筑

20. 采用通用水泥配制钢筋混凝土，将水泥混合材料＿＿＿＿以上混合材料计入控制矿物掺合料。
① 5%　　　　② 10%　　　　③ 15%　　　　④ 20%

21. 建筑工程用混凝土，配合比设计时，其所用砂、石含水率为＿＿＿＿状态。
① 完全干燥　　　② 气干　　　③ 饱和面干　　　④ 湿润

22. 在普通混凝土中加入引气剂的目的是＿＿＿＿。
① 生产轻混凝土　　　　　　② 提高保温、隔热性
③ 制成高强混凝土　　　　　④ 提高抗冻、抗渗性

23. 大体积混凝土结构厚大，内部水泥水化热不易释放，产生过大的温度应力而导致混凝土结构开裂，因此，应控制大体积混凝土结构内外温差不超过＿＿＿＿。
① 15 ℃　　　② 20 ℃　　　③25 ℃　　　④ 30 ℃

24. 采用蒸汽养护水泥混凝土，主要是为了＿＿＿＿。
① 提高早期强度　　　　　　② 提高后期强度
③ 减小变形　　　　　　　　④ 提高耐久性

25. 用特细砂配制混凝土时，由于砂粒很细，因此应＿＿＿＿。
① 采用较大的砂率　　　　　② 采用较小的砂率
③ 配制成高流动性混凝土　　④ 配制高强度混凝土

26. 预拌混凝土分为常规品（A）和特制品（B）。特质品有 5 种混凝土，＿＿＿不属于特制品。
① 高强混凝土　　　　　　　② 高性能混凝土
③ 轻骨料混凝土　　　　　　④ 自密实混凝土

27. 轻骨料的强度可用＿＿＿＿表示。
① 压碎指标　　② 筒压强度　　③ 块体强度　　④ 立方体强度

28. 砌筑砂浆拌合物的保水性按＿＿＿＿进行评定。
① 沉入度　　② 保水率　　③ 坍落度　　④ 维勃稠度

29. 地面抹面砂浆不宜使用＿＿＿＿硅酸盐水泥。
① 普通　　　② 矿渣　　　③ 火山灰　　　④ 粉煤灰

30. 用于水池抹面砂浆宜选用＿＿＿＿砂浆。
① 水泥　　　　　　　　② 石灰水泥
③ 麻刀石灰水泥　　　　④ 石灰

（六）多项选择题

1. 国标《建设用砂》中，Ⅰ类机制砂的技术性能要求包括：_____。
　① 母岩强度　　　　　　　　　② 亚加蓝指标及石粉含量
　③ 片状颗粒含量　　　　　　　④ 分级筛余和累计筛余
　⑤ 压碎指标

2. 混凝土拌合物中加入引气剂，将_____。
　① 改善拌合物保水性　　　　　② 提高拌合物流动性
　③ 提高硬化混凝土的抗渗性　　④ 提高硬化混凝土抗冻性
　⑤ 提高混凝土强度

3. 混凝土强度影响因素：_____。
　① 粗骨料母岩强度、云母含量　　② 水胶比
　③ 骨料品种（碎石、卵石）　　　④ 掺合料品种及用量
　⑤ 水泥的品种

4. 防止混凝土中钢筋锈蚀的措施有_____。
　① 提高混凝土的密实度　　　　② 保证足够的钢筋保护层厚度
　③ 加入阻锈剂　　　　　　　　④ 采用阴极保护
　⑤ 提高混凝土抗裂性能

5. 根据耐久性设计年限的要求，结构混凝土可以采用_____措施。
　① 限制水胶比　　　　　　　　② 胶凝材料用量限制
　③ 掺合料合理用量　　　　　　④ 混凝土最低强度等级
　⑤ 加入适量的引气剂

6. 高性能混凝土的原材料、配比、性能及施工要求，正确的为_____。
　① 优质常规原材料　　　　　　② 低水胶比
　③ 高耐久性、良好的工作性和体积稳定性　　④ 高强度
　⑤ 预拌和绿色生产

（七）分析与问答题

1. 某工程钢筋混凝土梁拆模后侧面出现蜂窝麻面现象，如原材料质量符合要求，试从配合比和施工技术方面分析可能的事故原因。

2. 试从混凝土和易性、强度、耐久性等方面分析下面两种混凝土配合比的相互矛盾之处（两种混凝土原材料相同）。

品种	坍落度 /mm	强度等级	水泥 /（kg/m³）	水 /（kg/m³）	石 /（kg/m³）	砂 /（kg/m³）	W/B	砂率
甲混凝土	35~50	C30	290	165	1 270	680	0.57	0.35
乙混凝土	55~70	C30	350	160	1 200	750	0.46	0.38

3. 某工程采用木钙外加剂进行混凝土施工，有一根 C₃₀ 级混凝土桩浇筑后下部混凝土

48 小时后才凝结，而上部混凝土凝结正常，试分析其可能的原因。

4. 试从细度模数、最大粒径、颗粒表面特征与形状等方面分析骨料性质对混凝土流动性的影响。

5. 某工程采用水泥石灰混合砂浆抹面，施工完毕一段时期后，抹面层出现起鼓、爆裂、局部脱落现象，并伴随不规则网状裂缝。分析可能的事故原因及预防措施。

6. 什么叫泌水？严重的泌水会对工程质量造成什么危害？

7. 简述影响混凝土强度的主要因素及改善措施。

8. 试述减水剂的减水机理及减水效果。

9. 试述影响混凝土和易性的因素及改善措施。

10. 试述影响混凝土耐久性的因素及改善措施。

11. 普通混凝土的强度公式为：

$$f_{cu} = \alpha_a f_b \left(\frac{B}{W} - \alpha_b \right)$$

若引气混凝土含气量每增加 1%，将使其强度降低 4%，且此规律在常用 W/B 范围内与 W/B 的大小无关。试建立含气量为 1% 的引气混凝土的强度公式。

12. 某工地施工人员采用下述几个措施提高混凝土拌和物流动性，其中哪些方案可行，哪些方案不可行？并说明理由。

（1）多加水；

（2）保持 W/B 不变，增加水泥浆用量；

（3）加 Na_2SO_4；

（4）加 FDN；

（5）加强振捣。

13. W/B 对混凝土性能（和易性、强度、耐久性、硬化过程中的收缩）有什么影响？

14. 水化热对混凝土凝结硬化过程及性能有何影响？

15. 为了满足钢筋混凝土耐久性要求，在选择材料和配合比时应采取哪些措施？

16. 试分析混凝土在养护期产生裂纹的原因。

（七）计算题

1. 甲乙两种砂，抽样筛分结果如下：（试样质量均为 500 g）

筛孔尺寸/mm		4.75	2.36	1.18	0.60	0.30	0.15	＜0.15
分计筛余质量/g	甲	0	0	30	80	140	210	40
	乙	30	170	120	90	50	30	10

（1）分别计算细度模数并评定其级配。

（2）现欲将甲、乙两种砂混合配制出细度模数等于 2.70 的砂，问两种砂所占的比例各为多少？混合后砂的级配如何？

2. 用 42.5 等级矿渣硅酸盐水泥配制碎石混凝土，灌制 100 mm × 100 mm × 100 mm 立方体试件三块，在标准条件下养护 7 天，测得破坏荷载分别为 285 kN、295 kN、349 kN。

（1）试估算该混凝土 28 天的标准立方体试件强度。

（2）估算该混凝土的水灰比值。

3. 用 42.5 等级普通硅酸盐水泥拌制碎石混凝土，水灰比为 0.40，灌制 200 mm × 200 mm × 200 mm 的立方体试件，标准条件下养护 7 天，做抗压强度试验，试估计该混凝土试件的破坏荷载。

4. 已知混凝土的水灰比为 0.55，单位用水量为 180 kg/m³，砂率为 35%，水泥密度为 3.10 g/cm³，砂子视密度为 2.65 g/cm³，石子视密度为 2.70 g/cm³。

（1）试用体积不变法计算 1 m³ 混凝土中各种材料的用量。

（2）用假定表观密度法计算 1 m³ 混凝土中各种材料用量（设混凝土表观密度 $\rho_{oh} = 2\,400$ kg/m³）。

5. 某钢筋混凝土结构，设计要求的混凝土强度等级为 C35，从施工现场统计得到平均强度 $\bar{f} = 41$ MPa，强度标准差 $\sigma = 6$ MPa。试求：

（1）此批混凝土的强度保证率是多少？

（2）如要满足 95% 强度保证率的要求，应该采用什么措施？

6. 设计要求的混凝土强度等级为 C40，要求强度保证率 $P = 95\%$。

（1）当强度标准差 $\sigma = 5.5$ MPa 时，混凝土的配制强度应为多少？

（2）若提高施工管理水平，σ 为 3.0 MPa 时，混凝土的配制强度又为多少？

（3）若采用 42.5 等级普通硅酸盐水泥，掺入 20% 粉煤灰，采用卵石、河砂及减水剂，用水量 160 kg/m³，问 σ 从 5.5 MPa 降到 3.0 MPa，每立方米混凝土可节约水泥和粉煤灰各多少千克？

7. 已知混凝土经试拌调整后，各种材料的拌和用料量为：水泥 4.0 kg，粉煤灰 1.0 kg，水 2.7 kg，砂 9.9 kg，碎石 18.9 kg。测得混凝土拌和物的表观密度为 2 380 kg/m³。

（1）试计算每立方米混凝土的各种材料用量。

（2）如施工现场砂子含水率为 4%，石子含水率为 1%，求施工配合比。

（3）如果不进行配合比换算，直接把试验室配合比在现场施工使用，则混凝土的实际配合比如何变化？对混凝土的强度将产生多大的影响？（采用 32.5 等级矿渣水泥）

8. 混凝土耐久性设计大作业。

（1）混凝土耐久性综合设计：青藏铁路穿越盐湖（含高浓度 Cl^-、Na^+、K^+、SO_4^{-2} 等离子）地区的桥梁墩台混凝土，结构承载设计要求强度等级为 C30，结构最小尺寸为 2.0 m；设构造钢筋、钢筋最小净距离为 18 cm；机械施工；该地区冬季最低气温为 −20 ℃，施工季节日平均气温为 5 ℃（−2 ~ 10 ℃）。试对该混凝土进行耐久性设计，设计内容应包括：

① 原材料选用（水泥品种、等级；粗细骨料品种、等级、质量要求等）；

② 添加剂选用（外加剂和掺合料品种，指标要求）；

③ 混凝土初步配合比（含耐久性应检验的各项指标、要求值）；

④ 施工中应注意的事项。

（2）混凝土耐久性综合设计：我国南方地区某海港码头钢筋混凝土结构，结构承载力设计要求强度等级为 C40，结构最小尺寸为 0.8 m；钢筋最小净距离为 10 cm；机械施工；

该地区全年最低和最高温度为：− 2 ℃ 和 + 35 ℃，施工季节温度为 20 ~ 30 ℃。试对该钢筋混凝土进行耐久性配合比设计，设计内容应包括：

　　① 原材料选用；

　　② 添加剂选用（外加剂和掺合料）；

　　③ 混凝土初步配合比；

　　④ 施工中应注意的事项。

试题Ⅳ　建　筑　钢　材

（一）名词解释

（1）钢成分偏析；　　　（2）镇静钢；　　　　（3）低合金钢；

（4）钢材的低温冷脆性；　（5）冲击韧性值；　　（6）Q275D；

（7）钢材的时效；　　　（8）钢材的冷弯；　　　（9）强屈比。

（二）简答题

1. 根据脱氧程度不同，钢可分为哪三种？

2. 常温下钢的晶体组织有哪几种？其特性如何？

3. 什么叫"强屈比"？在工程上有什么实用意义？

4. 什么叫冷脆？什么叫热脆？它们分别是由哪些元素引起的？

5. 普通碳素结构钢与优质碳素结构钢的主要区别是什么？

6. 随含碳量的变化，钢的 R_m、a_k、A 和 HB 的变化规律如何？

7. 热轧钢筋是根据什么指标分成几个等级的？其中哪些用于预应力混凝土结构？哪些用于普通钢筋混凝土结构？

8. 什么是冷轧钢筋、预应力钢丝、钢棒、钢绞线？它们有哪些主要特性及用途？

9. HRB400、HRB500 等牌号的含义是什么？

（三）单项选择题

1. 钢结构设计时，碳素结构钢（软钢）以_____强度作为材料确定容许应力的依据。

　① R_{ep}　　　② R_{eL}　　　③ R_m　　　④ A

2. 钢材的脆性临界温度越低，其低温下的_____。

　① 强度越高　　　　　　　② 硬度越小

　③ 冲击韧性较好　　　　　④ 冲击韧性越差

3. 在钢材冷拉硬化过程中，其冷拉最大应力应在_____。

　① 弹性阶段　　② 屈服阶段　　③ 强化阶段　　④ 颈缩阶段

4. 对直接承受动荷载且在负温下工作的重要结构用钢应特别注意选用_____。

　①屈服强度高的钢材　　　②冲击韧性好的钢材

　③延伸率好的钢材　　　　④冷弯性能好的钢材

5. 碳素结构钢随含碳量的增加，钢材_____。

　① 强度增加，伸长率增长　　② 强度降低，伸长率增长

　③ 强度增加，伸长率降低　　④ 强度降低，伸长率降低

6. $R_{p0.2}$ 表示钢材的_____。

　　　① 20%屈服强度　　　　　　　② 0.2%永久变形

　　　③ 永久变形达 0.2的应力值　　④ 永久应力达 0.2的变形值

7. 对温度要求严格的钢筋拉伸试验，试验温度应为_____。

　　　①（23±5）℃　　　②（20±5）℃　　　③（20±1）℃　　　④（20±2）℃

8. 计算冷拉钢筋的屈服点和抗拉强度，其截面面积应采用_____。

　　　① 冷拉前的值　　　② 冷拉后的值　　　③ 没有规定　　　④ 前后平均值

9. 有抗震设防要求的框架结构，其纵向受力钢筋的抗拉强度和屈服强度实测值的比值不应小于_____。

　　　① 1.10　　　　② 1.20　　　　③ 1.25　　　　④ 1.30

10. HPB300 是_____的牌号。

　　　① 热轧光圆钢筋　　　②低合金结构钢　　　③热轧带肋钢筋　　　④碳素结构钢

11. 钢材按化学成分可分为以下哪几种？_____

　　　Ⅰ. 碳素钢　　Ⅱ. 结构钢　　Ⅲ. 镇静钢　　Ⅳ. 锰钢　　Ⅴ. 合金钢

　　　①Ⅰ、Ⅲ、Ⅳ　　②Ⅰ、Ⅳ、Ⅴ　　③Ⅰ、Ⅳ　　④Ⅰ、Ⅲ、Ⅳ、Ⅴ

12. 反映钢材工艺性能的指标有_____。

　　　Ⅰ. 抗拉强度　　Ⅱ. 冷弯性能　　Ⅲ. 冲击韧性　　Ⅳ. 硬度　　Ⅴ. 焊接性能

　　　①Ⅰ、Ⅲ　　②Ⅱ、Ⅲ、Ⅳ　　③Ⅱ、Ⅴ　　④Ⅰ、Ⅱ、Ⅲ、Ⅳ

13. 钢的化学成分除铁、碳外，还有其他元素，下列元素中哪些属于有害杂质？

_____

　　　　　　　Ⅰ、磷　　　　　Ⅱ. 锰　　　　　Ⅲ. 硫　　　　　Ⅳ. 氧

　　　①Ⅰ、Ⅱ、Ⅲ　　②Ⅱ、Ⅲ、Ⅳ　　③Ⅰ、Ⅲ、Ⅳ　　④Ⅰ、Ⅱ、Ⅳ

14. 热轧钢筋的级别高，则其_____。

　　　① 屈服强度、抗拉强度高，且塑性好　　　② 屈服强度、抗拉强度高，且塑性差

　　　② 屈服强度、抗拉强度低，但塑性好　　　④ 屈服强度、抗拉强度低，且塑性差

15. 吊车梁和桥梁钢，要注意选用_____较大，且时效敏感性小的钢材。

　　　① 塑性　　　　② 韧性　　　　③ 脆性　　　　④ 硬度

16. 不同长径比的钢筋伸长率不同，A_5_____A_{10}。

　　　① 大于　　　　② 小于　　　　③ 等于　　　　④ 大于或等于

（四）改错题

1. 钢材的锈蚀主要是由化学腐蚀引起的。

2. 软钢的强度极限 R_m 代表其受拉破坏时的最大真实应力。

3. 冷加工后的钢材由于强度的提高，其弹性模量也相应提高，而抵抗变形的能力降低。

4. 碳素钢质量的优劣主要由含碳量决定。

5. 热轧带肋钢筋 HRB500 中 500 及冷轧带肋钢筋 CRB550 中 550 均代表其屈服点数值，单位为 MPa。

6. 钢含磷较多时呈热脆性，含硫较多时呈冷脆性。

7. 根据有害杂质的不同将钢分为镇静钢、半镇静钢、沸腾钢及特殊镇静钢。

8. 由于合金元素的加入，钢材强度提高，但塑性却大幅度下降。

（五）分析题

1. 分析冷加工时效对钢性能的影响。

2. 分析 C、Si、Mn、S、P 含量对钢性能的影响。

（六）简述题

1. 试述低碳钢应变时效在建筑工程中的利弊。

2. 试述铁路工程对桥梁及钢轨用钢的主要技术要求。

3. 解释 Q235AF、Q235D 代表的意义，并比较二者在成分（含碳量、杂质含量、含氧量）、性能（R_{eL}、R_m、A、a_k）及应用上的差异。

4. 试解释低碳钢受拉过程中出现屈服段和强化阶段的原因。

5. 钢材腐蚀的原理与防止腐蚀的措施有哪些？

（七）计算题

1. 直径为 16 mm 钢筋，截取两根式样作拉伸实验，达到屈服点的荷载分别为 72.3 kN 和 72.2 kN，拉断时的荷载分别为 104.5 kN 和 108.5 kN。试件表距长度为 80 mm，拉断后的表距长度分别为 96 mm 和 94.4 mm。问该钢筋属于何牌号？

2. 从一批钢筋中抽样，截取两根式样作拉伸实验，测得如下结果：屈服下限荷载分别为 42.4 kN 和 42.8 kN；抗拉极限荷载分别为 62.0 kN 和 63.4 kN，钢筋称直径为 12 mm，标距为 60 mm 拉断时长度分别为 70.6 mm 和 71.4 mm，试判该钢筋为何牌号？其强度利用率和结构安定性如何？

试题 V　木材、沥青及其他材料

（一）名词解释

（1）针叶木；　　　　　（2）木材平衡含水率；　　　（3）木材标准强度；

（4）木材纤维饱和点；　（5）烧结砖 MU20；　　　　　（6）石油沥青的组分；

（7）沥青针入度；　　　（8）沥青大气稳定性；　　　　（9）乳化沥青；

（10）改性沥青；　　　　（11）热塑性塑料；　　　　　　（12）热固性树脂；

（13）砖的泛霜；　　　　（14）SBS 防水材；　　　　　　（15）深加工玻璃。

（二）简答题

1. 通过木材的横断面可以看到木材的哪些构造？

2. 石油沥青的主要组分有哪些？它们各自在沥青中起什么作用？

3. 沥青牌号是由什么指标表示？沥青的主要技术指标包括哪些？

4. 什么是木材的表观密度？其大小对木材的强度、变形（干缩湿胀）有何影响？

5. 简述冷底子油的组成、技术性质和用途。

6. 工地上怎样鉴别石油沥青和煤沥青？

7. 木材腐蚀的原因是什么？常用的防腐方法有哪些？

8. 我国民间对于使用木材有一句话："干千年，湿千年，干干湿湿两三年"。你能用科学理论说明吗？

9. 普通黏土砖的等级是如何确定的？

10. 为什么说烧结普通砖适合作为外承重墙材料和用来砌筑烟囱？

11. 普通黏土砖划分为合格品、一等品与优等品的依据是什么？

12. 天然石料应具有哪些技术性质？

13. 多孔吸声材料与绝热材料在构造上有何异同？有哪些基本要求？

14. 装饰材料的基本要求是什么？在选用装饰材料时应注意什么问题？

15. 何谓普通砖的抗风化性能和抗风化指数？

16. 试述大理石与花岗石的区别、性质、特点及应用形式。

17. 简述木材的防火方法。

18. 比较改性防水卷材 SBS 和 APP 的使用特点。

（三）单项选择题

1. 多孔（闭孔）轻质材料适合做_____。

　　① 吸声材料　　　② 隔声材料　　　③ 保温材料　　　④ 防水材料

2. 当沥青中油分含量多时，沥青的_____。

　　① 针入度降低　　　　　　　　② 温度稳定性差

③ 大气稳定性差　　　　　　　　　　④ 延伸度降低

3. _____是木材物理力学性质发生变化的转折点。
① 平衡含水率　　② 标准含水率　　③ 纤维饱和点　　④ 表观密度

4. 石油沥青的黏性用_____表示。
① 坍落度　　　　② 针入度　　　　③ 分层度　　　　④ 沉入度

5. 木材进行加工使用前，应预先将其干燥至_____。
① 纤维饱和点　　② 平衡含水率　　③ 标准含水率　　④ 含水率为 0

6. 木材干缩时，最大的干缩发生在_____。
① 纵向　　　　　② 弦向　　　　　③ 径向　　　　　④ 不确定

7. 木材在不同含水量时强度不同,故木材强度计算时,含水量是以_____为标准。
① 纤维饱和点时含水率　　　　　　② 标准含水率
③ 平衡含水率　　　　　　　　　　④ 含水率为零

8. 建筑工程最常使用的塑料是_____。
① 聚氨酯　　　　② 聚乙烯　　　　③ 聚苯乙烯　　　④ 聚氯乙烯

9. 烧结普通砖按照_____的评定强度等级。
① 抗压强度标准值
② 抗压强度平均值和抗压强度标准值
③ 抗压强度平均值和单块最小抗压强度值
④ 抗压强度最大值

10. 理想的保温材料具有的特征是_____。
① 孔隙率大、孔隙尺寸小，吸水率大　② 孔隙率大、孔隙尺寸大
③ 孔隙率大、孔隙尺寸小，吸水率小　④ 孔隙率小，吸水率小

11. 煤沥青与石油沥青相比，具有_____特点。
① 温度稳定性好　　　　　　　　　② 塑性好
③ 大气稳定性好　　　　　　　　　④防腐性好

12. 炎热地区的屋面防水材料，一般选择_____。
① 纸胎沥青油毡　　　　　　　　　② SBS 改性沥青防水卷材
③ APP 改性沥青防水卷材　　　　　④ 聚乙烯防水卷材

（四）多项选择题

1. GB 18242—2008 规定,弹性体改性沥青防水卷材,按所用增强材料(胎基)分为(　　　　　)。
① 聚酯毡　　　　② 聚乙烯膜　　　③ 玻纤毡
④ 玻纤增强聚酯毡　　　　　　　　⑤ 石棉布

2. 下列 (　　　　) 为热固性塑料。
① 聚乙烯塑料　　② 氨基塑料　　　③ 聚苯乙烯塑料
④ 酚醛塑料　　　⑤ 有机硅

3. 常用无机绝热材料分为 (　　　　)。
① 矿棉　　　　　② 膨胀珍珠岩　　③碳化软木板
④ 聚氨酯泡沫塑料　　　　　　　　⑤加气混凝土

4. 石油沥青牌号由低到高，则沥青的（　　　　）由小到大。

① 针入度　　　　　② 黏性　　　　　③ 塑性

④ 温度稳定性　　　⑤ 使用寿命

5. 当木材含水率小于纤维饱和点，继续干燥木材时，则其（　　　）。

① 强度提高　　　　② 强度下降　　　③ 强度不变

④ 干缩增大　　　　⑤ 体积不变

（五）判断题

1. 软化点小的沥青，其抗老化能力较好。（　　　）

2. 吸声材料与保温绝热材料同样均为多孔材料，但吸声材料要求的是相互连通的细小开放性孔隙，保温绝热材料则要求的是封闭的不相连通的孔。（　　　　）

3. 烧结空心砖可代替烧结普通砖应用于承重墙体。（　　　）

4. 吸声性能好的材料，一般为轻质、疏松、多孔材料，不宜用作隔声材料。

5. 聚氨酯（PU）防水涂料为反应固化型（湿气固化）涂料，具有强度高、延伸率大、耐水性能好等特点，对基层变形的适应能力也较强，是目前市场上普遍采用的防水涂料。
（　　　）

（六）计算及分析题

1. 红松顺纹抗压试件（2.0 cm × 2.0 cm × 3.0 cm）的破坏荷载为 12 kN，试件烘干前后的质量分别为 7.40 g 及 6.00 g，试计算该试样的含水率及标准抗压强度。

2. 将同树种的三个试件（A、B、C）烘干至恒质量，其质量分别为 5.3 g、5.4 g 和 5.2 g，再将它们放到潮湿的环境中经长时间吸湿后，质量分别为 7.0 g、7.3 g 和 7.5 g，问这三个试件中哪一个试件体积膨胀率最大？

3. 某工地需石油沥青 25 t，要求软化点为 75 ℃，现用 60 号和 10 号沥青配制，其软化点分别为 45 ℃ 和 95 ℃，试计算所需的两种沥青用量。

4. 试分析石油沥青的"老化"与组分有何关系？"老化"过程中沥青性质将发生哪些变化？对工程有何影响？

第三部分

模拟试题及参考答案

序号	资源名称	二维码	序号	资源名称	二维码
1	模拟试题一		11	模拟试题一参考答案	
2	模拟试题二		12	模拟试题二参考答案	
3	模拟试题三		13	模拟试题三参考答案	
4	模拟试题四		14	模拟试题四参考答案	
5	模拟试题五		15	模拟试题五参考答案	
6	模拟试题六		16	模拟试题六参考答案	
7	模拟试题七		17	模拟试题七参考答案	
8	模拟试题八		18	模拟试题八参考答案	
9	模拟试题九		19	模拟试题九参考答案	
10	模拟试题十		20	模拟试题十参考答案	